AF452703

HISTOIRE

D'UN

FOUR A VERRE

DE

L'ANCIENNE NORMANDIE

Par A. MILET.

Chef des Fours et Pâtes à la manufacture nationale de Porcelaines de Sèvres

PARIS	ROUEN
A. AUBRY, ÉDITEUR,	A. LE BRUMENT,
18, Rue Séguier.	11, Rue Jeanne-Darc.

1871.

HISTOIRE D'UN FOUR A VERRE

DE

L'ANCIENNE NORMANDIE.

HISTOIRE

D'UN

FOUR A VERRE

DE

L'ANCIENNE NORMANDIE

Par A MILET

Chef des Fours et Pâtes à la manufacture nationale de Porcelaines de Sèvres.

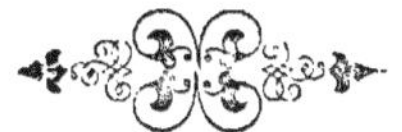

PARIS	ROUEN
A. Aubry, Editeur,	A. Le Brument,
18, Rue Séguier.	11, Rue Jeanne-Darc.

1871.

HISTOIRE D'UN FOUR A VERRE

DE

L'ANCIENNE NORMANDIE.

PREMIÈRE PARTIE:

PRÉLIMINAIRES.

C'est au sein d'une forêt normande, celle de Lyons, que se place notre récit. Nos vieilles forêts de France, restes pour la plupart de vastes surfaces boisées, siéges d'antiques industries encore debout ou disparues, sources de légendes touchant au merveilleux, sont assurément fort curieuses à observer, pleines d'intérêt à étudier à tous les points de vue. Et, telle qui ne nous montre plus que ses belles futaies, ses aménagements irréprochables, ses essences unifiées, ses solitudes mystérieuses, doit nous apparaître dans le lointain sous un tout autre aspect, avec plus de variété et de confusion dans les espèces, plus de beautés sauvages et pittoresques, moins d'ordonnance véritable et escortée d'usines métallurgiques, céramiques, vitriques qui lui permettaient de se renouveler et de rajeunir.

Ainsi se présente pour nous la forêt de Lyons. Quoique couvrant encore une grande partie du Vexin Normand, elle n'est plus qu'un démembrement d'elle-même, si l'on en juge par la quantité de landes, landels, clos et essarts dont elle est parsemée ou entourée ; par les nombreuses localités qui lui doivent le jour.

Confinée entre deux rivières, à l'ouest, par l'Andelle, à l'est, par l'Epte qui séparait le duché du royaume, elle a été témoin de faits mémorables, et c'est pour ainsi dire sous ses ombrages, que parfois les puissants traitèrent des destinées du pays. Enfin, par son étendue, sa position, le charme de ses sites et l'abondance de ses fourrés, elle fut très affectionnée des princes qui se complurent à y séjourner et à remplir ses échos du bruit de leurs meutes, de leurs exploits cynégétiques et de leurs courses aventureuses.

Autant de choses pour la plupart oubliées ou qui s'oublient de plus en plus ! Autant de souvenirs évanouis et ruinés avec les quatre fameux châteaux dont la forêt était flanquée !

A une époque reculée, elle s'étendait bien certainement au-delà de l'Epte, du côté de France. Au nord et à l'ouest, elle rejoignait d'autres forêts, tandis qu'au midi ses limites nous paraissent plus incertaines, quoique pourtant, on puisse les reporter assez loin du sol actuellement couvert.

C'est dans un espace central, se rapprochant de l'Epte, que paraissent s'être accomplis le plus de défrichements et qu'ont été rendus à l'agriculture et à l'habitation de l'homme, des plateaux assez vastes et des pentes fertiles ; et, d'une grande surface boisée, il n'est resté qu'une *Haie* de figure irrégulière, subdivisée en plusieurs groupes plus ou moins rattachés à la forêt proprement dite, et qui a pris le nom d'un petit bourg voisin, ancienne place forte de la frontière normande : Neufmarché.

C'est également autour de ce lambeau de forêt, des plus anciennement habité, puisqu'on y rencontre encore de nombreux puits abandonnés, que l'industrie paraissait s'être concentrée.

La petite métallurgie, ou les branches qui en découlent, se décèle dans le *clos Féron* (commune de Besancourt) et le lieu dit *les Cloutiers* (commune de Neufmarché), sans compter le *Clos au Fèvre* (commune de Lorleau. — La céramique se retrouve dans le village de *la Poterie* (commune de la Feuillie) ; et puis l'art vitrique dans diverses usines groupées çà et là, et que nous ne pouvons toutes faire connaître par le détail (1).

L'une de ces usines à verre, la plus ancienne de la contrée et aujourd'hui détruite, fait le fond de cette étude. Elle était située sur le territoire de Bezu-la-Forêt, vieux village du département de l'Eure, assis dans une gorge à la fois poétique et sauvage du sud-ouest de la Haie de Neufmarché.

Dans cette région forestière, alors abondamment pourvue de bois blancs, éloignée des villes, privée de faciles moyens de transport et

---

(1) Ces verreries et toutes celles de la Normandie, doivent faire l'objet d'un important travail que prépare M. O. Le Vaillant de la Fieffe.

qui fut de bonne heure recherchée par les industries qui vivent du feu, il semble naturel qu'une verrerie, si grande *consumière* de bois, y eût dès longtemps pris naissance.

Aux premières années du xive siècle, nous trouvons la nôtre établie sur un des écarts de Bezu, à la Fontaine-du-Houx, lieu dont l'étymologie est des moins douteuses et qui par lui-même mérite de fixer un moment notre attention, tout comme il avait attiré celle des souverains. Sollicités sans doute par le charme du petit val où la fontaine coule son eau, bienfaisante distillation de la forêt, les rois de France y avaient édifié un manoir, qui avait peut-être succédé à quelque pavillon de chasse des ducs de Normandie (1).

De ce manoir, qui fut somptueux, à en juger par une enquête de la fin du xve siècle, qui en constate la ruine, notre établissement vitrique a pu former une sorte de dépendance, du moins on est autorisé à le supposer.

Tout prouve l'ancienneté de l'habitation de l'homme dans ces parages. La Fontaine-du-Houx donna son nom à un triage de la forêt, lequel était lui-même contigu ou se confondait avec un autre appelé le triage de la *Pierre qui tourne*, nom tiré évidemment d'un monument celtique, consistant en une sorte d'agglomérat rocheux qui, traversant les siècles avec le respect des hommes, était arrivé jusqu'à nous dans sa position primitive, encore sensible aux impulsions qu'on lui imprimait, lorsqu'il y a peu d'années, un garde-forestier eut la malheureuse idée de fouiller sa base, dans le vain espoir de découvrir quelque trésor ; action cupide, blâmable, qui amena la chute du monument.

La civilisation franque, nous apprend notre savant maître et ami M. l'abbé Cochet, s'y serait révélée par des vases de terre, des boucles et bagues en cuivre provenant de sépultures découvertes en 1842 (2)

En regard du Manoir actuel et à mi-côte, était la *Vieille-Tour.*

---

(1) Le houx antique a disparu, mais la fontaine existe toujours avec ses eaux limpides, abondantes et délicieuses, que fréquentent seulement quelques laveuses du pays ; et, au lieu des houx, devenus rares, même aux environs par les soins de l'administration forestière, on ne trouve, avant de pénétrer dans le bois, que de jeunes pommiers qui ont la plus ravissante floraison au printemps. — A l'ancien manoir en a succédé un autre, que l'eau entoure de toutes parts et qui a toutes les apparences du xvie siècle.

(2) V. *La Seine-Inférieure historique et archéologique,* 2e édit. p. 586.

dont il ne reste aucun vestige ; et, non loin de là se trouve encore le village de *Rome* (commune de Bosquentin). Ainsi Celtes, Francs et Romains se sont succédé sur ce coin de terre ; et il était bon de rappeler ces souvenirs qui se rattachent dans le lointain et plus ou moins directement au temps et à l'industrie dont nous nous occupons.

En effet, si, au xive siècle, l'existence de la verrerie de la Fontaine-du-Houx est bien constatée, il est à peu près certain qu'elle remontait beaucoup plus haut. Toutefois, en l'absence de preuves ou d'indices, et en tenant compte des vicissitudes attachées à ces sortes d'établissements, nous n'émettrons pas l'opinion que l'origine de celui-ci puisse être reportée jusqu'à l'époque romaine, qui vit naître les premières verreries dans la Gaule, et vraisemblablement dans laforêt de Lyons.

Ce n'est qu'une conjecture que nous livrons aux chercheurs et aux explorateurs consciencieux du sol qui recèle, mais bien parcimonieusement, en ce qui touche notre sujet, les preuves et les éléments de la vérité.

HISTORIQUE. — XIVᵉ SIÈCLE.

Cela posé, nous abordons ce que de trop rares documents nous ont appris de ces temps relativement reculés.

Un seul est parvenu jusqu'à nous. Le voici tel que nous le tenons de la bienveillance amicale de notre savant et éminent compatriote, M. Léopold Delisle, membre de l'Institut.

« *Pro operibus vitri apud Fontem Houss, per Magistrum Gobertum vitrearium (partes a tergo), IIIIXXX lib. XVI sol. VIII den.* »

Suit le détail indiqué :

« *Pro dietis minutorum operariorum qui collegerunt feucheriam ad faciendum vitra, XXIII l. XV s. IIII d.*
Pro vectura feucherie, VI lib. V sol. VI den.
Pro dietis illorum qui calefaciunt furna, XVIII lib. III sol. IIII den.
Pro grosso vitro faciendo, CXV sol.
Pro lignis cindindis et findendis ad faciendum ignem in furnis, et pro vectura, XXXII lib. VII sol. IIII den.
Pro fabrica, LXVI sol.
Pro clerico scripta faciente, XXIIII sol.
Summa : IIIIXXX lib. XVI sol. VIII den. »

Ce document (1), on le voit, n'est autre chose qu'un compte de dépenses, débris de ceux qui furent rendus au roi, par le bailli de Gisors, pour le terme de Pâques 1302; mais sous son humble apparence, il nous fournit les plus précieux renseignements.

Tout d'abord, nous y relevons le nom du verrier, maître Gobert, âme et chef de l'entreprise, personnage d'une certaine importance, dont la trace devrait se retrouver dans d'autres titres du temps, soit comme partie, soit comme témoin.

Le nom de Gobert ou Goubert, assez répandu, s'est d'ailleurs perpétué dans la Haute-Normandie.

Ensuite, notre examen porte sur les autres articles du compte, par exemple, sur les fougères qui formaient, une fois réduites en cendres, la matière composante du verre en concurrence avec le sable; et sur les bois qui servaient à chauffer les fourneaux. Les unes et les autres étaient fournis par la forêt, et nous voyons ce qu'il en coûtait pour la récolte de cette fougère, pour le façonnage de ces bois, ainsi que pour leur voiturage ou transport à la verrerie.

On y trouve de même ce que l'on payait aux chauffeurs-verriers, quels étaient les frais de fabrique et aussi la dépense du clerc aux écritures.

Dans ce compte, qui ne représente sans doute pas la moitié exacte de la somme annuellement dépensée, — un semestre pouvant et devant l'emporter sur l'autre, — on ne voit figurer ni acquisition ou extraction d'argiles et sables nécessaires avec les fougères et les bois, tant pour la composition du verre lui-même que pour la confection des pots ou creusets et la réparation du four; ni dépenses d'outillages et autres accessoires et obligées. Tout se borne aux frais d'exploitation préliminaire et effective, et aux salaires. Ce qui, de l'ensemble et de la nature même du document, fait ressortir cette conclusion que la verrerie était exploitée aux frais du Roi, c'est-à-dire qu'elle était royale ou mieux domaniale, et à ce titre pourvue des matériaux indispensables.

Mais ce qui nous importe le plus dans cette énumération d'opérations techniques, c'est d'y reconnaître l'espèce de verre que fabriquait cette usine, savoir : le gros verre (*grosso vitro*) ou verre à vitre, d'où le nom de grosses verreries donné constamment à ces établissements par

---

(1) Fragment de rouleau, conservé à la Bibliothèque Nationale, fonds latin des Nouv. acq., n° 2017.

opposition aux petites verreries, où l'on ne fabriquait que du menu verre désigné de nos jours sous le terme générique de *gobeleterie*.

Cette indication relative au verre à vitre a une véritable importance, car elle constate, pour une époque éloignée, une fabrication spéciale, difficile, objet d'encouragements et de priviléges spéciaux, et qui, dans la suite des temps, fit beaucoup d'honneur à la Normandie.

Pour mieux faire comprendre cette importance, nous devons jeter un coup d'œil sur la question de l'ancien verre à vitre. A l'époque dont il s'agit, c'était chose encore rare et de luxe, qu'on n'employait guère d'une manière un peu répandue, que dans les églises cathédrales, abbatiales et collégiales, dans les palais des rois et les manoirs des seigneurs ou des riches. Pour ce qui regarde les autres temples, ceux de la campagne, par exemple, et les demeures pauvres, ils n'avaient eu, jusqu'au xiiie siècle, que des ouvertures petites ou étroites, le plus souvent non vitrées, closes ou non closes. Il en fut ainsi encore longtemps; mais à l'époque de la première renaissance et du réveil architectural dans notre pays, aux xiie, xiiie et xive siècles, qui virent tant de superbes monuments religieux s'élever de terre, un véritable essor fut donné à la vitrerie. Alors on vit apparaître les grandes baies ou vastes fenêtres garnies de vitres, — mosaïques étincelantes sous les jeux de la lumière, — et qui témoignent à la fois de l'art du vitrage et par conséquent de l'industrie du verre à vitre, arrivés à un développement correspondant.

Or, ce verre, protecteur des intempéries, dont nos pères surent tirer les plus magnifiques effets, en le teignant ou recouvrant de colorations, en l'ornant de dessins, en le découpant et agençant de mille manières dans des réseaux de plomb, dans des châssis de bois et de fer; ce verre, disons-nous, était fabriqué en France pour la plus grande partie, et nul doute que notre four à verre de la Fontaine-du-Houx, n'ait contribué, pour sa part, à l'avancement de l'industrie et à l'alimentation d'un art qui répandit tant d'éclat sur notre pays, où d'ailleurs il était né.

Mais qu'était exactement ce gros verre fabriqué en 1302? Selon nous, il ne s'agit pas de ces *cives, cibles* ou petites rondelles, dont on faisait usage à une époque et dans des conditions encore mal déterminées, mais bien de tablettes de notable dimension ou de disques et plateaux, se rapprochant déjà de ceux qui se sont perpétués en Normandie jusqu'à notre siècle.

L'expression de *gros verre* ne doit pas s'entendre autrement.

Alors, s'il en est ainsi, que devient l'invention des grands plats de verre dont nous allons bientôt parler, et qui se serait réalisée vers 1330?

De ce que notre compte ne mentionne que le gros verre, nous ne voudrions pas avancer qu'il n'en fut pas exécuté d'autre sorte, concurremment avec celui-ci et dans le même temps ; cela nous paraît néanmoins peu probable, et nous pensons qu'à cette époque les verreries étaient déjà spécialisées.

En quittant ce document, nous voudrions pouvoir déduire des chiffres qui y sont énoncés, quelle pouvait être l'importance de l'usine royale. D'après la valeur de l'argent, c'est-à-dire de sa puissance à cette époque et en notant qu'il n'est tenu compte que de mise en œuvre de matières premières, de chauffage de fourneaux et de salaires de verriers, on peut être assuré que la somme de 90 livres 16 sols 8 deniers, pour un semestre, représente une exploitation assez considérable.

Le fait de cette exploitation au compte du domaine, nous paraît remarquable et mériter quelques réflexions. A supposer que l'exercice de la verrerie fût déjà très ancien dans cette portion de la forêt de Lyons, on se demande si ces conditions de la production royale étaient elles-mêmes également anciennes, si elles formaient quelque généralité ou une sorte d'exception, si elles avaient Philippe-le-Bel pour auteur ou quelqu'un de ses devanciers.

Puis en remontant aux causes, on voudrait savoir si cette exploitation avait été motivée par quelque nécessité, quelque pénurie, ou si au contraire elle n'avait pas eu pour but ou l'émulation, ou le progrès ou tout simplement la mise en valeur de matériaux improductifs, tels que le bois.

Par voie d'hypothèse et en écartant toute idée économique ou spéculative, on serait tenté de penser que quelque propagateur de l'industrie — encore peu répandue — du verre à vitre, et hors d'état de la mettre en pratique par ses propres moyens, s'adressa à l'un des souverains de notre pays, lequel trouvant, à la fois, honneur et profit à accueillir la proposition, se fit fondateur ou restaurateur de verrerie.

Le contraire, il est vrai, peut tout aussi bien se dire et ne serait que plus honorable pour l'initiative du prince qui, pouvant d'ailleurs éprouver quelque embarras à clore les fenêtres de ses demeures, ne vit pas de meilleur moyen, pour s'en affranchir, que de se faire producteur de verre à vitre.

En tout cas, l'entreprise ne pouvait être absolument onéreuse, car une fois les bâtiments du domaine approvisionnés et sans compter le négoce, il y avait possibilité de faire face aux libéralités obligées envers les églises, monastères et chapelles.

Nous ne pensons pas que les autres branches de la verrerie, d'une nécessité moins impérieuse, aient été l'objet d'une semblable exploitation, et nous ne saurions même, tant ces faits ont encore été peu observés, citer un autre exemple aussi complet que celui que nous venons d'énumérer ; à moins d'en trouver un dans le passage suivant que nous fournit une quittance de 4 l. 15 s., donnée par Jehan de Maupernie au vicomte de Neufchatel-en-Bray, le samedi pénultième décembre 1402, « pour une tasque (tâche) de couverture de tieulle (tuile) par lui faite au manoir du roi au Camp duault, c'est assavoir pour avoir couvert sur la salle où *le verrier du lieu demeure, partout ou mestier a esté* (1). »

Le Camp d'Eau, dont il est ici question, était situé dans une autre forêt normande, celle de Gaillefontaine (Seine-Inférieure) ; et le manoir du roi était ruiné en 1456. — (Extrait d'un acte en notre possession.)

Philippe-le-Bel, puis ses enfants séjournèrent au manoir de la Fontaine-du-Houx. M. Léopold Delisle nous signale plusieurs actes qu'ils y souscrivirent en novembre 1312, en août 1314, en juillet 1320 et en juin 1327. Nul doute donc qu'ils n'aient souvent ou parfois visité la verrerie qui faisait probablement partie du manoir.

Nous pouvons ainsi, par la pensée, nous les représenter accompagnés des seigneurs et gens de leur suite, — le malheureux ministre Enguerrand de Marigny, qui était du voisinage, au milieu d'eux ; — et tous contemplant les travaux de maître Gobert et de ses ouvriers, les encourageant de leur présence et de leurs éloges dans le pénible labeur.

Combien de temps encore dura cette exploitation royale ? Nous l'ignorons absolument, car, nous le répétons, aucun autre document que le compte de 1302, ne nous est malheureusement parvenu de cette époque.

On peut toutefois supposer qu'elle ne dépassa guère 1328, année de la mort de Charles IV, dernier fils de Philippe-le-Bel, et qu'elle prit fin à l'avénement au trône de la branche des Valois.

Mais ce changement n'emporte pas forcément une interruption d'exercice, et, s'il y eut arrêt, il ne fut sans doute pas de longue durée.

---

(1) Archives de France. Reg. KK, no 56.

SUITE DU XIVᵉ SIÈCLE.

1330.—Vers ce temps, prend place une phase douteuse ou obscure de notre historique résultant d'un passage auquel nous avons fait allusion plus haut et que nous transcrivons du petit livret où il se trouve (1).

« En l'année 1330 fut donné pouvoir par le roy Philippe VI, à Philippe de Cacqueray, écuyer, sieur de Saint-Imnes, premier inventeur du *plast de verre*, appelé *verre de France*, comme portant son nom, de faire establir une verrerie proche Bezu, en Normandie, qui fut nommée *la Haye*, en payant par chacune année à Sa Majesté la somme de trois livres, ou vingt boisseaux d'avoine. »

Ce passage, qu'ont répété tous les historiens qui ont eu à parler des verreries normandes, est suivi de la mention d'autres brevets qui auraient été délivrés, vers le même temps, pour différents points de la Normandie, aux familles Le Vaillant, Brossard et Bongars, qui, avec celle de Cacqueray, constituent les quatre grosses familles verrières.

Si cette délivrance de brevets était bien avérée, elle constituerait un point de départ, ou tout au moins une impulsion considérable pour l'industrie du verre à vitre. Malheureusement il est loin d'en être ainsi : toutes les assertions de l'auteur anonyme de 1693 inspirent la défiance, et, si on les passe au crible d'une saine critique, il n'en reste presque plus rien.

Disons tout d'abord, chose qui s'explique difficilement, que, quelque recherche que nous ayons faite dans les dépôts publics, il ne nous a pas été donné de découvrir un seul des titres cités dans le livret. Aucun des nombreux papiers-verriers que nous avons été à même de compulser n'en fait même mention.

Ensuite, cherchons à distinguer et à faire la part du vrai et du faux dans le passage en question.

I. — La présence d'un Cacqueray en Normandie, à cette date, et même pendant tout le xivᵉ siècle, nous paraît difficile à admettre, par

---

(1) *De l'Origine et de l'Art de la Peinture sur verre et de la Création des Verreries et Communautés des maîtres vitriers*, petit in-12 de 51 p. Paris. 1693, réimprimé par C. Leber, t. XVI de sa Collection, in-8ᵒ. 1838.

la raison qu'aucun document antérieur au xviie siècle ne nous en fournit la certitude. En tout cas, elle eût été passagère, ainsi que le montrera la suite de ce travail; et il en est de même pour les trois autres familles, dont l'une, pourtant, celle des Vaillant, était regardée comme d'origine normande, tandis que les trois autres provenaient d'autres provinces. Ce n'est qu'au milieu et vers la fin du xve siècle que des membres de ces familles nous apparaissent comme verriers en Normandie.

II. — La qualification de sieur de *Saint-Immes*, donnée à Philippe de Cacqueray, ne doit pas, selon toute vraisemblance, avoir été portée par un verrier du xive siècle; elle appartient aux verriers du xvie siècle.

III. — Cette verrerie, proche Bezu, répond bien à la nôtre, qui existait alors à *la Fontaine-du-Houx* et non à *la Haye,* où nous la verrons transférer au siècle suivant. Donc elle n'était pas à créer, ainsi que les pages précédentes l'attestent. Elle aurait pu, il est vrai, être rétablie, mais non au lieu indiqué.

IV. — Quant au titre de *premier inventeur des plats de verre,* donné à Philippe de Cacqueray, nous sommes encore dans l'obligation de ne l'accueillir qu'avec beaucoup de réserve, s'il est démontré que le *gros verre,* fabriqué antérieurement à la Fontaine-du-Houx, tirait précisément son nom de la forme de *plats* ou *plateaux* sous laquelle il devait être produit. Mais nier que Philippe de Cacqueray — si son existence est incontestable — ait apporté quelques perfectionnements dans l'art du gros verre, nous n'irons pas jusque-là. C'est un point qui reste à élucider.

Notre conclusion, en ce qui concerne la citation du livret de 1693, sera donc que l'erreur y couvre la vérité d'un masque trop épais pour que celle-ci se dégage et se reconnaisse distinctement, et que les faits qui s'adaptent à des usines dont l'existence fut réelle, se sont tellement trouvés altérés par la suite des temps, que sous la plume du rédacteur du livret ils n'avaient plus que la valeur d'une tradition défigurée.

Toutefois, en faveur des lambeaux de vérité que pourrait contenir cette tradition, puisée sans doute au sein des familles verrières, où elle était conservée, nous lui devons quelques respects.

Dans l'ordre chronologique, nous ne savons plus rien, ou nous ne croyons plus rien savoir sur notre four à verre pendant le reste du xive siècle. Pourtant, nous ne serions pas éloigné de croire qu'il faille placer, dans ce temps, un verrier dont la mention se rencontre dans un inventaire de la fin du xvie siècle, conservé à Saint-Cyr, et qui avait nom *Oudouart Ringegrez.* — On rappelait les droitures que notre verrerie exerçait dans la forêt de Lyons, et pour lesquelles elle payait 15 mines d'avoine, redevance due, dit le scribe, à cause de *la vieille verrerie d'Oudouart Ringegrez*.

Voilà une véritable désignation de comptable, c'est-à-dire fort en usage parmi les employés du domaine, et qui pourrait bien se rapporter à l'un des successeurs de maître Gobert, peut-être même au verrier qui commença l'exploitation particulière, et fut, à ce titre, chargé d'une redevance.

Quoi qu'il en soit de la véritable place à assigner à maître Oudouart Ringegrez, dont nous ne retrouvons nulle autre trace, nous passons au siècle suivant.

XVᵉ SIÈCLE.

Jusqu'ici, un fragment de compte et quelques citations nous ont fourni la matière qui précède. Dorénavant notre étude se continuera et s'achèvera à l'aide d'archives particulières — véritable trésor de famille — que conserve pieusement l'un des descendants des successeurs du verrier Gobert (1).

Au commencement du XVᵉ siècle, sous le règne du malheureux Charles VI, qui aimait le verie, l'usine de la Fontaine-du-Houx, en tant qu'existence sur le sol primitif, touche à sa fin. Elle semble subir le contre-coup des malheurs du pays. Mais si elle tombe, c'est pour se relever bientôt sur un autre point du même territoire et reprendre longue vie.

A ce moment elle était possédée, nous ne savons depuis combien d'années, par Jehan Guichart, nom nouveau pour nous, mais qui ne l'était pas alors en verrerie (2). Le seul trait que nous connaissions de cet industriel est essentiellement funèbre. Noble ou assimilé aux nobles, à raison de la tenure de sa verrerie, il comptait parmi ceux à qui incombait la défense du pays. Or, en 1415, le sol normand trépignait d'impatience sous les pas des Anglais qui l'avaient envahi, — s'étaient emparés d'Harfleur ! — et Jehan Guichard se joignant aux

---

(1) M. Amédée Le Vaillant de Rouge-Fossé, capitaine en retraite, à Saint-Cyr-l'École, qui nous a libéralement permis d'étudier ses titres, à la recommandation de M. Le Vaillant de la Fieffe, son parent.

(2) Les Guichard, nous apprend M. Le Vaillant de la Fieffe, seraient originaires du Poitou.

chevaliers français, se trouva aux champs d'Azincourt, où, comme tant d'autres, hélas ! il reçut la mort, une mort glorieuse peut-être, mais assurément peu utile.

Que devint son four, pendant ce temps? Un des précieux documents conservés par M. Le Vaillant de Rouge-Fossé va nous l'apprendre. Jehan avait deux frères puînés, Robin et Jehan (ailleurs Joachim), verriers comme lui, qui semblent avoir fait marcher l'établissement. Mais en 1416, il était advenu : « puis un peu de temps en ça que par fortune de feu le *four de la voirrerye* qui naguère soulloit estre en la forêt de la Haye du Neufmarché, *auprez de la Fontaine-du-Houx*, et le lieu habitaible où l'on soulloit ouvrer a esté toult (ars?) et cheu en ruyne, tellement que à présent on ne fait en la dicte forest aulcuns voirres. » Nous puisons ces détails dans des lettres patentes de Charles VI, datées à Paris du 5 octobre 1416, qui accordent à « Robin et *Jehan* dictz *Guichard, voirryers, yssus de lignée de voirryers de toulte ancienneté,* » l'autorisation d'édifier un « nouvel four en autre lieu et place que ycelluy où le dict dernier four a esté, » avec le droit d'employer le bois mort. Ils purent rétablir de même « la maison qui estoit et appartenoit à feu Jehan Guichard, leur aisné frère, lequel a esté mort à la bataille d'Azincourt (1). »

Ce titre est l'acte de naissance de la nouvelle usine qui fut établie à un kilomètre environ de l'ancienne, au triage de la Morette, en pleine forêt, c'est-à-dire « au lieu le plus convenaible et le plus prouflitaible pour eulx et le moings dommaigeaible » — que désignèrent les officiers forestiers, d'où elle prit le nom de verrerie de la Haye de Neufmarché, et par abréviation, de *la Haye* seulement.

Désormais elle fournit une ample carrière dont nous allons esquisser les phases principales.

Cette famille Guichard, que nous trouvons en possession de notre verrerie au xvᵉ siècle, succédant, à un intervalle que nous ne saurions apprécier, au verrier Gobert, ne semble-t-elle pas contredire la présence antérieure de la famille Cacqueray, au même lieu? C'est ce que nous laissons à juger.

De plus, pourrait-on supposer que ces Guichard ne produisirent pas le verre à vitre, alors que leurs prédécesseurs en fabriquaient en 1302, et que leurs successeurs le façonnèrent sans interruption du xvᵉ au xixᵉ siècle ? — Nous ne le pensons pas.

---

(1) Ces lettres seront données *in extenso* par M. O. Le Vaillant de la Fieffe, dans son travail sur les verreries et les verriers de la Normandie.

Quoi qu'il en soit de cette production, nous ignorons combien de temps les *Guichard* exercèrent à la Haye.

Si, contre toute attente, il fallait rapporter le verrier Oudouard Ringegrez au xvᵉ siècle plutôt qu'au xivᵉ, il prendrait naturellement sa place ici. Il n'en est donc fait mention que pour mémoire.

Nous traversons une époque où la chronologie des verriers de la Haye est difficile à établir. Les nombreux titres que nous avons explorés ne nous y aident que faiblement. L'occupation anglaise, si douloureuse et si difficilement supportée, n'amena-t-elle pas d'interruption? On doit lui attribuer la ruine du manoir de la Fontaine-du-Houx, « autrefois de merveilleuse structure, *mire compositionis,* lieu insigne, habitation royale où les rois de France et les princes souloient résider, et devenu tout à fait inculte et rempli de buissons, » selon une enquête de 1489, que nous signale notre savant et obligeant ami, M. Ch. de Beaurepaire, archiviste de la Seine-Inférieure (1).

Il ne serait donc pas étonnant que, pendant cette tourmente de la patrie, qui causa la désertion ou l'anéantissement d'une infinité de villages, notre four n'ait eu un fonctionnement irrégulier, intermittent. — Pour lui retrouver des possesseurs, il nous faut arriver au temps de l'enquête dont nous venons de parler. Le premier qui se présente appartient à l'une des quatre familles traditionnelles, encore est-ce un *Vaillant* et non un *Cacqueray.* Il est vrai qu'on y trouvera bientôt ces deux noms; mais, auparavant, c'était une famille *Jourdain,* dont l'un des membres va abandonner ses droits à la verrerie, et qui pourrait bien avoir eu la succession directe des Guichard.

Quoi qu'il en soit, à la date du 9 février 1490, Pierre *Le Vaillant,* qualifié *d'écuier voirrier,* obtient de Charles VIII des lettres patentes confirmatives de son privilége de verrerie, et Louis XII lui en délivre d'autres en renouvellement et dans des termes absolument identiques, le 9 mai 1506 (2).

---

(1) V. d'ailleurs son livre si curieux : *Notes et documents concernant l'état des campagnes de la Haute-Normandie,* etc.; 1865, in-8ᵒ, p. 318, 319.

(2) Les expéditions originales de ces lettres et autres, encore en partie scellées et conservées par M. Le Vaillant de Rouge-Fossé, à Saint-Cyr-l'Ecole, mériteraient une bonne place dans un dépôt public.

XVIᵉ SIÈCLE.

Selon ces titres, Pierre Le Vaillant eût été seul en jouissance de la verrerie ; cependant, en 1501, il « accueille, » ou si l'on veut, prend pour associé en la moitié de son four, Pierre Brossard, qui, deux ans après, vend sa portion à Damien de Cacqueray (25 juillet 1503).

Voilà pour nous la première apparition bien constatée des grosses familles verrières, et l'on voit qu'en peu de temps trois se trouvent représentées à la Haye.

Ce serait peut-être ici le lieu de rechercher leurs origines et d'exposer les diverses opinions émises, mais cela nous entraînerait assez loin, aussi laissons-nous ce travail à de mieux informés.

Un point qui nous importerait davantage, ce serait de savoir comment ces familles devinrent verrières et en possession de la verrerie de la Haye.

Il y a tout lieu de croire que Pierre Le Vaillant eut cette propriété par acquisition « à certain et juste tiltre hérédital. » (Lett. pat., 9 février 1490.) Mais cette possession n'était pas complète, et suivant contrat du 14 août 1517, Pierre Jourdain vend à Jean Le Vaillant (sans doute fils de Pierre.Le Vaillant) « tous et telz droits qu'il pouvait avoir à ladite verrerie. »

En 1519, Jean Le Vaillant avait pour copropriétaire Nicole de Cacqueray, fils de Damien ; et ces « *verreriers (sic)* de la vieille verrerie, » en vue d'établir qu'ils étaient bien les successeurs des Guichard, faisaient vidimer en leur faveur les lettres patentes que ceux-ci avaient obtenues de Charles VI en 1416. (13 mars 1519.) Déjà un semblable *vidimus* leur avait été délivré le 22 janvier 1514.

Les Vaillant et les Cacqueray restèrent ainsi maîtres indivis du four pendant plus de cent vingt ans, mais ce ne fut pas sans troubles.

A Nicole de Cacqueray succède son fils Gilles, qui épousa Jeanne Dubuisson, dont il eut deux fils, Damien et Robert.

De son côté Jean Le Vaillant, alors décédé, eut pour successeurs : François et Antoine, ses enfants.

C'est entre eux tous que les difficultés surgissent. Alors la verrerie se trouvait édifiée sur l'héritage des Cacqueray, (sans doute mieux favorisés par le sort que les Vaillant) ; et de là, ceux-ci ne viennent plus qu'en seconde ligne dans les actes de ce temps.

Il fallut même que la veuve de Gilles de Cacqueray et ses enfants reconnussent que la moitié de la verrerie appartenait aux enfants de feu Jean Le Vaillant. (Acte du 19 juillet 1556.)

Lorsque l'exploitation ne se faisait pas en commun, la jouissance était alternative. C'est ainsi qu'en 1661 la verrerie a pour maître « Antoine Le Vaillant, et cinq ans plus tard, en 1666, noble homme Damien de Cacqueray, sieur de Saint-Immes. » Du moins on les voit conclure isolément des marchés pour la vente de leurs verres (1). Mais lorsqu'il s'agit de sauvegarder leurs priviléges, ils agissent de concert, et présentent leurs titres aux officiers de la forêt, qui les renvoient devant le roi pour obtenir de nouvelles lettres. — Ceci se rencontre dans un acte de main-levée du 5 décembre 1576, où il est fait mention de Ringegrez, puis encore des Guichard; Il fut rédigé à la requête de « Damien Cacqueray, écuyer, sieur de Saint-Ymes, et de Perrot Le Vaillant, écuyer verrier, » tous deux « maîtres de la verrerie de la Haye-du-Neufmarché. »

En 1587, Perrot Le Vaillant étant décédé laissant un fils mineur du nom de Jean, Damien de Cacqueray obtient la confirmation du privilége, à laquelle il était obligé par la main-levée du 5 décembre 1576. Alors il déclarait que ses « titres originaux avaient été perdus et adhirez à cause des guerres. » (Lettres patentes de mai 1587.)

Dans ce dernier titre, le nom de Le Vaillant figure encore — plutôt semble-t-il — pour mémoire, que d'une manière effective. Peu d'années ensuite il est passé sous silence; et, en octobre 1594, André de Cacqueray, fils aîné de feu Damien, obtient, pour lui seul, d'autres lettres patentes pour se conserver dans le privilége de la verrerie de la Haye. Une vérification des titres a lieu par le grand maître des eaux-et-forêts, à la date du 15 mars 1595, et elle est suivie d'une ordonnance du 8 avril suivant, relative à l'examen de la translation de la verrerie.

Cet examen fut sans doute favorable, car il motiva une nouvelle main-levée du grand maître des eaux et forêts (7 février 1598), et le tout se termina par de nouvelles lettres patentes confirmatives, du mois de décembre 1599, qui furent enregistrées au Parlement de Normandie, le 22 mars suivant (2).

---

(1) Renseignement de M. Le Vaillant de la Fieffe.

(2) Nous devons l'énonciation de ces derniers titres à une bienveillante communication de M. A. de Girancourt, conseiller général, aux Essarts-Varimpré, ancien verrier lui-même, et auteur d'une excellente Notice sur la verrerie de Rouen, etc., parue en 1867.

XVII° SIÈCLE.

Tant d'actes rendus successivement au profit d'André de Cacqueray font pressentir toutes les difficultés qu'il eut à vaincre pour faire accepter ses prétentions; et l'usurpation, car c'en est une, semble par suite être consommée. — Il n'avait pas moins fallu qu'un temps de trouble politique avec ses conséquences pour arriver à un tel résultat. Mais, si le droit sommeille, il ne s'éteint pas. La consécration même de l'enregistrement en Parlement n'était pas sans appel; et ce que des *lettres-royaux* avaient fait, d'autres pouvaient le défaire. C'est ce qui eut lieu. A l'issue de sa minorité, l'héritier des Vaillant, Pierre, écuyer et sieur de la Roquette, fils de Jean et petit-fils de Perrot, put faire valoir son droit à la moitié de la verrerie et obtint des lettres patentes de Henri IV, « qui le relèvent « d'une manifeste surprinse. » (28 mars 1601.)

Quelques mois plus tard (26 juin), la lutte continue entre Pierre Le Vaillant, qui a pour associé David de Cacqueray, sieur de la Salle, et André de Cacqueray, écuyer, sieur de la Haye, Saint-Ymes, qui, loin de se soumettre, « avait fait construire un nouveau four au mépris des défenses; » et le Parlement ne pouvant sans doute mieux faire, les renvoie devant des arbitres. — Les débats durent plusieurs années; et enfin ils se terminent par une première sentence arbitrale du 2 décembre 1602, puis par une autre du 5 avril 1605, qui ne fut homologuée que l'an suivant.

Nous aurons à revenir sur cette longue procédure, où nous rencontrons à la fin Pierre Le Vaillant, assisté de David de Bongars, écuyer, sieur de la Bergerie, probablement son nouvel associé. Disons seulement qu'elle eut pour résultat d'anéantir les prétentions d'André de Cacqueray, et de consacrer d'une manière définitive un seul droit de four à verre dont Pierre Le Vaillant et André de Cacqueray, reconnus propriétaires pour moitié chacun, auraient la possession alternative.

Nul doute qu'avec les années les dissidences, qui étaient profondes, s'effacèrent, et que le four continua de marcher de la manière qui vient d'être indiquée.

En 1621, Pierre Le Vaillant et André de Cacqueray étaient décédés, laissant, le premier, entr'autres enfants, un fils aussi prénommé Pierre, également sieur de la Roquette, qui avait pour tuteur Damien Le Vaillant, écuyer, sieur de la Panne; le second, deux fils prénommés François, l'un sieur des Landes, l'autre sieur de la Haye, au profit desquels il y eut confirmation du droit de verrerie, suivant lettres-patentes du 2 mars 1621, qui ne furent enregistrées que le 12 mai 1631 (1).

Cinq ans plus tard, c'est-à-dire en 1626, la moitié de la verrerie se trouvait possédée, nous ne savons comment, par André et Damien de Cacqueray, père et fils, sieurs de la Haye. Tous deux poursuivis pour dettes par Jacob de Bongars, virent leur portion de verrerie, ainsi que deux pièces de terre, passer aux mains du sieur de Biville-Baudry, suivant adjudication, par décret du 2 décembre 1626. — Mais bientôt, en vertu du « droit de sang, proximité de lignage, » le tout fut *retiré* par ledit Damien Le Vaillant de la Panne, et Françoise de Cacqueray, sa femme. (Juin, 1627.) De la sorte, la totalité de la verrerie rentrait en la possession de la famille Le Vaillant.

Après le décès de sa femme, Damien Le Vaillant de la Panne partage ses biens entre ses trois fils : Damien, sieur de Rouge-Fossé ; Nicolas, sieur de Mare-aux-Champs, et Georges, sieur de la Panne ; et la moitié de la verrerie échoit à Damien. (Acte du 15 juillet 1633.)

Quelques années ensuite, celui-ci achète l'autre moitié de Pierre Le Vaillant de la Roquette, moyennant 6,150 liv. (Acte du 16 janvier 1639.) Et ainsi, la verrerie a pour propriétaire unique Damien Le Vaillant qui, au titre de sieur de Rouge-Fossé, ajoute celui de sieur de la Haye, et, « n'ayant point eu de confirmation à l'avènement du roi, il obtint, en octobre 1643, des lettres-patentes confirmatives, qui ne furent enregistrées que 32 ans plus tard, le 21 février 1675. » Cet enregistrement tardif est un indice de calme et de jouissance paisible, et, il avait, sans doute, été motivé par un acte de la foresterie, qui renvoyait Damien Le Vaillant devant le roi pour obtenir de nouvelles lettres. — (1er mars 1668.)

Si les Cacqueray n'ont plus aucun droit à la propriété du four, on peut être assuré qu'ils n'ont pas pour cela abandonné l'état de verrier. En 1676, l'un d'eux François, fils de François, sieur de la Haye, et d'Anne de Bongars, se disait maître de la verrerie. Il la tenait en location.

Damien eut pour successeur Claude Le Vaillant, écuyer, sieur d'Arpentigny (2), qui eut à s'opposer, mais inutilement, à l'établissement d'une verrerie concurrente, par son homonyme, Claude Le Vaillant, sieur du Buisson (dont il ne se disait nullement parent), à la maison du Bos, paroisse de Neufmarché, située à 5 ou 6 kilomètres de La Haye (1688).

Claude Le Vaillant d'Arpentigny prédit, avec justesse, qu'il résulterait de cette seconde verrerie une pénurie de bois dans l'avenir.

---

(1) Communication de M. A. de Girancourt

(2) Ou Repentigny-le-Temple, ancienne paroisse de Montroty.

XVIII° SIÈCLE.

Le commencement de ce siècle, tout rempli de sombres difficultés pour le pays, fut une époque néfaste pour la verrerie. Son propriétaire, Louis Le Vaillant, écuyer, sieur de la Haye (fils de Claude, sieur d'Arpentigny), probablement hors d'état de l'exploiter, se contente de l'affermer et de s'y employer aux principaux travaux avec ses fils.

1709. — Nicolas Froland est à la tête de l'entreprise.

1714. Novembre — Le même et Nicolas Boisney étaient maîtres de la verrerie par la rétrocession que leur avait faite Damien Le Vaillant, écuyer, sieur de la Panne, de son bail pour sept ans, moyennant 1,200 liv. par an.

La verrerie ayant été incendiée le 16 juillet 1719, Nicolas Froland, qui s'en dit propriétaire, mais qui, en réalité, n'en était que locataire, obtient une concession de 6 arpents de bois. (Arrêt du Conseil d'Etat du 2 février 1720. Lett.-pat. du 10 avril suivant.)

Nous retrouvons encore Boisney, à titre d'entrepreneur, en 1721, et, trois ans plus tard, la verrerie, tombée en vétusté, ne pouvait plus satisfaire aux demandes.

Vers 1729, étaient maîtres de la verrerie, par bail : Michel Le Vaillant et Pierre Le Vaillant, écuyer, sieur d'Aubigny; et son propriétaire, Louis Le Vaillant, était décédé, laissant trois fils : Louis, sieur de Rouge-Fossé; Claude, sieur de la Fieffe, qui travaillait déjà comme verrier à la verrerie, et Jean-Baptiste, sieur de la Haye.

En 1731, le 9 octobre, il y eut partage entr'eux des biens laissés par leur père, et convention de jouir du four à verre alternativement de trois ans en trois ans, selon leur droit d'aînesse, à charge, par l'occupant, de payer 600 liv. annuellement à chacun de ses frères; d'où il résulte que le prix du bail était porté à 1,800 liv.

En vertu de cette convention, le four reste propriété indivise pendant une trentaine d'années, mais l'exploitation ne se fait pas par chacun des trois frères avec l'alternance et toute la régularité qu'on pourrait croire. L'un d'eux, Jean-Baptiste, ne paraît pas avoir voulu assumer les risques de l'entreprise : il céda son tour de jouissance, soit à ses aînés, soit à des étrangers, et mourut, en 1744, laissant, pour le représenter, une fille, Marie-Françoise, qu'il avait eue de Barbe de la Poterie, sa femme.

A cette date, se place un épisode : Jean-Baptiste Le Vaillant avait affermé la verrerie à divers particuliers qui en firent cession aux sieurs

Cacqueray de Lorme et Gaillonnet, associés, et ceux-ci, désireux de
continuer l'exploitation, proposèrent aux sieurs de Rouge-Fossé et de
la Fieffe d'acquérir leur part ; proposition qui aurait été acceptée. En
attendant la réalisation qui devait avoir lieu aussitôt les fonds amassés,
et pour éviter le retrait lignager, une promesse de bail pour six années
fut donnée par le sieur de la Fieffe, laquelle promesse, datée de février
1745, fut, de suite, déposée aux mains du sieur Le Vaillant d'Aubigny.
Mais le sieur Gaillonnet étant décédé avant la passation de l'acte, et
bien que ses héritiers eussent cédé leurs droits à Cacqueray de Lorme,
le sieur Le Vaillant de la Fieffe soutint que sa promesse ne pouvait plus
avoir d'effet, et demanda qu'elle fût annulée. C'est, sans doute, lui qui
rédigea la note suivante : « Je serer bien content si la revocation avette
« lieu. Lon na jamais vu onnetrangé faire valouere avecque des frere.
« Sa ne pouray pas reussy, il ne pouret pas faire valoirre la manifature
« au moins que de se ruinay de par dautre. Serai un mavés party —
« il est bien plus juste que le bien resse dans la famille pour le soute-
« nire. Sa leur apatien de droy.
    « Le sieur Delorme ne cherche que les occasions de me faire sortir de
« la verrie de la Haie, un bien que nous posedons de puist cuinq ou six
« cent anns. »
    Comme il s'agissait d'une contestation entre gentilshommes, le point
d'honneur fut invoqué, et l'affaire portée au tribunal des maréchaux de
France. Par sentence du lieutenant des maréchaux, du 7 juin 1746,
rendue sur la déposition du sieur Le Vaillant de Saint-Amand, le sieur
Le Vaillant d'Aubigny, dépositaire, eut ordre de rendre la promesse,
afin d'annulation ; mais, par ordonnance du 2 août suivant, la sentence fut cassée pour incompétence, et les parties renvoyées devant la
justice ordinaire. — L'affaire durait encore, mais prit fin, en 1750, alors
que « Delorme affirmait s'être plusieurs fois transporté exprès à cheval
à Lyons, distant de deux lieues, pour poursuivre de la Fieffe. »
    A cette date, Cacqueray de Lorme était maitre de la verrerie, par
suite de l'acquisition d'un tiers en propriété, qu'il avait faite de Louis
Le Vaillant de Rouge-Fossé, moyennant 950 liv. de rente irraquittable.
(Acte du 19 octobre 1748.) Mais il en fit bientôt rétrocession, dans de
semblables conditions, à Le Vaillant de la Fieffe. (Acte du 28 novembre 1750.)
    Pendant la période triennale précédente (1746-1749), l'exploitation
avait été affermée aux sieurs Le Vaillant de Saint-Vincent, Cacqueray
de Croixmare et Cacqueray des Landes. Et pendant les trois suivantes
(1752-1761), Claude Le Vaillant de la Fieffe exploite la verrerie, tantôt
à son rang, tantôt comme locataire de sa nièce Marie-Françoise de

la Haye, dont il avait été tuteur ; tantôt, enfin, comme acquéreur du tiers du sieur de Rouge-Fossé, décédé.

Ces détails, un peu fastidieux, sont utiles pour les conséquences qu'on en peut déduire. Ne semble-t-il pas qu'avec ces fréquents changements de maître l'établissement ne pouvait, ni accroître son importance, ni progresser? C'était l'immuabilité sur beaucoup de points apparemment, avec la vie la plus active au fond.

Néanmoins, on peut remarquer une tendance vers l'unité de possession. En effet, Claude Le Vaillant de la Fieffe, qui faisait renouveler les priviléges de la verrerie (26 octobre 1734), qui prenait à fieffe une place de banc avec droit de sépulture dans l'église de Bezu, pour lui et ses frères (26 avril 1739), sera bientôt l'unique possesseur de l'usine.

Elle fut licitée à son profit le 8 novembre 1762, à la charge de diverses rentes, notamment de 1,041 liv. envers M. Brossard de Beauchêne, époux de Marie-Françoise Le Vaillant de la Haye.

Mais, peu d'années ensuite (le 28 avril 1766), il meurt, laissant, de Marie-Antoinette de Béthencourt, sa femme (1), cinq fils, mineurs pour la plupart, mais dont quelques-uns travaillent déjà le verre, tandis que deux autres sont en pension à Gournay. Ce sont, par ordre :

1. Pierre-Claude, sieur de la Haye ;
2. Louis-Antoine, sieur de Repentigny ;
3. Robert-François, sieur de Beaulieu ;
4. Jean-Baptiste-Hildevert, sieur de la Fieffe ;
5. Louis-Augustin, sieur de Rouge-Fossé.

Aux mains de Claude Le Vaillant de la Fieffe, la verrerie s'était accrue, ou avait augmenté de valeur, puisqu'elle représentait 4,500 liv. de revenu. Un des premiers soins, après le décès, est de déposer les clefs des appartements et endroits les plus précieux « chez le sieur curé de la paroisse, » vu l'impossibilité d'apposer les scellés ; puis d'aviser à la marche à suivre. Dans l'impossibilité de partage ou de vente, à cause des mineurs, la mère et ses enfants conviennent (9 janvier 1767) de remettre au plus tôt en état de fabriquer du verre le four éteint depuis le 9 octobre précédent. Les jeunes de la Haye, de Repentigny et de Beaulieu devaient prendre place aux ouvreaux et être payés comme ouvriers selon leur capacité.

Ils avaient été précédés par MM. d'Hyonval, de Maisoncelle, de Vasevoir, de Telle, tous noms de lieux ou de terre qui nous cachent ceux de famille.

---

(1) De la famille de Jean de Béthencourt, navigateur et roi des Canaries au XIVᵉ siècle.

Marie-Antoinette de Béthencourt rendit son compte de tutelle à ses enfants, le 15 novembre 1770, et, le 5 décembre suivant, les cinq frères, ayant reconnu la difficulté d'un partage, contractèrent une société pour exploiter en commun la terre et la verrerie de la Haye, avec la ferme de la Saussaye. Suivant cet acte, le sieur de la Haye est regardé comme chef de la société. Chacun des cinq frères devait tenir place pour travailler au four, suivant son degré d'habileté en l'art; et aucun ne pouvait céder sa part qu'à l'un d'eux, à l'exclusion des étrangers.

Pendant les quatre années que dura cette association, le sieur de Beaulieu mourut. Elle ne donnait probablement pas toute satisfaction, car on y renonça, et les biens de la succession de feu Claude Le Vaillant de la Fieffe furent partagés entre ses quatre fils restants. (22 novembre, 24 décembre 1774.) (1) Le premier lot formé de la terre et verrerie de la Haye, fut choisi par Jean-Baptiste-Hildevert Le Vaillant, sieur de la Freffe, à peine majeur.

Il y avait quelque témérité à accepter une entreprise chargée de plus de 3,000 liv. de rentes, tant anciennes que nouvellement créées, « pour amendement de lotie. » Pourtant elle réussit. Un des premiers actes du nouveau propriétaire fut d'affermer les trois quarts de sa verrerie, se réservant le quatrième quart, pour six ou neuf années, moyennant 4,500 liv., ou mieux de contracter sur ces bases une association avec : 1º son frère aîné, Pierre-Claude sieur de la Haye, 2º Pierre-Alexandre Levaillant, sieur de la Panne, alors à la verrerie de Lihut, et 3º François-Amand Le Vaillant sieur de Saint-Amand. Le sieur de la Haye devait être une sorte de gérant de l'entreprise; le propriétaire avait à pourvoir à l'entretien des bâtiments; les sieurs de La Panne et de Saint-Amand, ouvriers habiles, se chargeaient d'instruire le bailleur; et tous devaient occuper les ouvreaux, être payés suivant leur capacité, résider ensemble, à l'exclusion des femmes, et ne faire qu'une table à frais communs. — (18 février 1775.) Quant au salaire, il fut réglé par les sieurs de la Panne et de Saint-Amand à 6 liv. 10 s. par jour, soit 10 s. de plus que le taux ordinaire du pays. Le sieur Le Vaillant de la Fieffe, tenant place de *bossier*, aurait 3 liv. 10 s. par jour jusqu'à ce qu'il pût tenir place d'ouvrier et toucher également 6 liv. 10 s.

Cette association dura six années, au terme desquelles une autre la

---

(1) La liquidation de la succession eut lieu le 6 mai 1775. Les bénéfices, depuis le 9 janvier 1767 jusqu'au 13 juillet 1770, s'étaient élevés, tous frais déduits en ce qui concerne les verrerie et fermes, à 45,974 liv. 5 s. 2 d., soit environ 15,400 liv. par an.

remplaça. Le 1ᵉʳ mai 1782, le sieur Le Vaillant de la Fieffe loue sa verrerie pour neuf années, à 1º messire Le Vaillant de la Haye, son frère aîné ; 2º messire Pierre Levaillant, écuyer, sieur de Mouchy, tous deux demeurant à la verrerie de la Haye, moyennant 4,5oo liv. de loyer. Par ce bail, le sieur de la Fieffe se réserve un quart dans les bénéfices ou pertes de l'exploitation. C'est donc bien une association.

Depuis 1780, l'existence de la Verrerie de la Haye se trouve mêlée ou mieux confondue avec celle de la Verrerie-Neuve, sise à Neuf-marché. Pour éviter une concurrence, le sieur de la Fieffe ne vit rien de mieux à faire que de prendre en location de Romain Le Vaillant, sieur du Bos, cette nouvelle verrerie, moyennant 4,5oo liv. par an, pour neuf années. Il se chargea de même des ustensiles et effets mobiliers, qu'il devait payer en trois années, suivant l'usage. (Bail du 4 janvier 1780). L'acte porte aussi les signatures des sieurs de La Haye et de Mouchy, ce qui suppose déjà une association entre ces derniers pour la Verrerie-Neuve ; et il était à peine conclu que les propriétaires des deux verreries exposaient que, par insuffisance de bois, ils se trouvaient dans l'obligation d'éteindre leurs fours, de payer les meilleurs ouvriers dans l'inaction, de renvoyer les autres, ce qui les amena à convenir de ne marcher qu'alternativement. La requête fut écoutée, et ils obtinrent que les 17 arpents de bois, affectés à chacune de leurs usines, seraient portés à 20. (Arrêt du Conseil d'État du 19 septembre 1780.)

L'union des deux verreries, destinées à fonctionner comme une seule et alternativement, ne fut pas avantageuse. Si le but fut atteint d'un côté, d'un autre il échappa. On avait évité la concurrence, mais les charges étant trop lourdes et le temps aidant, la prospérité fit défaut.

Le bail de la verrerie de la Haye, s'achève en 1791, c'est-à-dire au milieu de la Révolution, qui a fait table rase de tous les priviléges. Peu d'années après (Ans II et III), elle est exploitée par les citoyens *Vaillant* (Pierre-Claude et Louis-Augustin), ci-devant sieurs de la Haye et de Rouge-Fossé. Le temps n'était pas propice à l'industrie paisible, car faute de bois, d'hommes et d'argent, on était forcé de chômer. — Le bois qui, jusque-là, avait été obtenu par délivrance, à prix modéré, atteignait, sous le nouveau régime égalitaire, un prix exorbitant. Les ouvriers, la République les avait requis, pris ou dispersés ; et, quant au numéraire, il avait disparu sous l'empire des événements ! A leur tour, nos verriers veulent requérir artistes et ouvriers et demandent à la fois que leurs chevaux et charrettes ne puissent être détournés de leur industrie et que les bois soient délivrés aux conditions anciennes. (Supplique et pétition du 2 thermidor an II et 27 vendémiaire an III) (1).

____

(1) Archives du Ministère de l'Intérieur, F. 12. 1486.

Quoiqu'appuyés par la municipalité de Bezu, nous ignorons quel degré de satisfaction fut donné aux frères Le Vaillant.

A ce moment, le loyer de la verrerie était de 5,000 fr., plus les impôts ; et les quelques années qui suivent, font terminer le siècle douloureusement aux verriers de la Haye. En l'an vii (1798), on confisque sur eux, au profit de la Nation, les bois ouvrés laissés par eux dans la forêt, et cela bien qu'il y eût absence de délit, mais afin d'obéir à l'ordonnance. Il fut constaté que « MM. Le Vaillant n'avaient aucuns ouvriers pour travailler à leur manufacture, qui est par ce moyen dans l'inaction. » Eux-mêmes.complettent le tableau de leur situation en révélant que la faillite de leur commissionnaire rouennais, leur débiteur de 27,343 fr., mettait leur établissement « en stagnation, faute de fonds. » Du même coup, ils ne pouvaient plus satisfaire à leurs engagements, quand, fait honorable, leurs créanciers acceptèrent d'être désintéressés en marchandise, c'est-à-dire en verre. (An vii, 20 nivôse.) Et l'honneur fut sauf !

Une taxe trop lourde les porte à réclamer. Ils rappellent que leur verrerie est administrée en communauté ; que lors de l'emprunt forcé de l'an iii, ils se cotisèrent volontairement à 300 fr. et qu'en leur qualité de fabricants, ils ne doivent pas être traités comme nobles. Ils dirent de plus, ce qui était très vrai, qu'aucun de leur famille n'avait émigré, et qu'ils avaient persisté à faire valoir leur établissement, plutôt pour procurer du travail à des malheureux que pour leur propre avantage. Très résolus de continuer, ils ne le pouvaient qu'en se procurant au préalable des fonds pour acheter les matières nécessaires, et cela au moyen d'une vente de leurs biens-fonds pour 6,000 fr. Ces raisons furent goûtées et la taxe réduite. (An viii, 1er brumaire ; 23 octobre 1799.)

XIXe SIÈCLE.

L'époque que nous venons de traverser fut désastreuse pour nos verriers. Hommes du passé, ils ont fini avec lui, sans pouvoir faire refleurir leur art au soleil des temps nouveaux. Peu à peu ils laissèrent éteindre leur four aux fondements tant de fois séculaires. Nous rencontrons bien, par-ci, par-là, en 1811 et en 1827, M. Le Vaillant de Rouge-Fossé comme maître de la verrerie, mais en réalité celle-ci n'est plus qu'une ombre, et bientôt elle n'a plus d'existence.

En cette dernière année, le domaine de la Haye fut acquis par
M. Chagrin de Saint-Hilaire, époux de Mlle Cacqueray du Landel,
pour favoriser la verrerie de ce dernier lieu qui lui appartenait, en rasant
à jamais la verrerie de La Haye. (1).

---

(1) Feu M. Louis-Augustin Le Vaillant de Rouge-Fossé, dernier verrier de La Haye, laissa, entr'autres enfants, un fils, M. *Amédée*, héritier de son nom, qui antérieurement eût, comme lui, soufflé le verre. Il abandonna la *canne* ou *felle* du verrier, pour l'épée et est aujourd'ui retiré à Saint-Cyr-l'École. Qu'il reçoive ici nos remercîments pour ses obligeantes communications.

DEUXIÈME PARTIE.

Notre historique serait incomplet si, à la suite de cette longue liste de possesseurs et d'exploitants, nous n'ajoutions quelques détails sur le domaine et l'usine de la Haye, sur le four lui-même à peine entrevu, son fonctionnement et sa raison d'être ; sur les diverses sortes de verres fabriquées et leur utilité, et enfin, pour clore, quelques mots sur les verriers.

I.

L'USINE VERRIÈRE PROPREMENT DITE ET LA TERRE DE LA HAYE.

On vient de voir dans quel dessein la Verrerie de la Haye avec ses dépendances avait été acquise par le propriétaire du Landel (1). L'œuvre de destruction projetée ne s'est que trop bien accomplie.—Du four, de sa halle et des bâtiments accessoires, il ne subsiste plus rien que les écuries, un assez beau colombier en briquetage, un grand et vieux puits, et une meule de grès. La maison de maître elle-même a été démolie, puis remplacée par un pavillon en briques, laissé inachevé et dont le délabrement atteste un véritable abandon. Dans une modeste construction y attenante, habite un fermier, car l'herbage des verriers, avec ses trente acres de terre, est devenu le siége d'une exploitation agricole. A l'activité a succédé le calme le plus profond ; et, si l'on ne rencontrait, çà et là, au bord de la mare, sur les chemins et dans les champs, de menus fragments vitriques, on ne se douterait guère qu'on se trouve sur l'emplacement d'une ancienne industrie.

Pour nous faire une idée de l'usine, il nous faut donc en retracer un croquis d'après de faibles témoignages empruntés aux documents conservés à Saint-Cyr et aux publications générales sur la matière.

Du reste, le sol et l'aspect des lieux n'ont que peu changé : l'enclos ou herbage a bien perdu les deux jolies petites tourelles de pierre qui flanquaient sa principale porte d'entrée, mais il conserve encore les vieux pommiers qui fournissaient la boisson aux verriers et une gigan-

---

(1) Des quatre verreries de la contrée : *La Haye,* verrerie neuve de Neufmarché, les *Routieux*, le *Landel*, cette dernière est seule restée; mais au lieu de verre à vitre, elle ne fabrique plus que de la gobeleterie.

tesque épine blanche bi-séculaire, plantée par l'un d'eux, et qui, par son port et sa masse, se confond avec les autres arbres fruitiers.

L'herbage confine la forêt et celle-ci borne de toutes parts les terres adjacentes; et l'ensemble provenant d'un défrichement opéré vers 1416, constituait le domaine de la *Haye*, sorte de petite sieurie sans juridiction particulière au temps passé.

Au centre de l'enclos, tout près d'un petit monticule formé de *chiots* ou débris de fusion, et que recouvre maintenant un épais manteau d'herbe, se dressait la *Halle*, vaste bâtiment aux charpentes robustes, surmonté d'un toit percé de ventaux pour le dégagement de la fumée, qui abritait le *Four*. Sur les côtés, ou à peu de distance, on voyait le *castut aux bouteillers*, la *calcinerie*, le magasin, les diverses *chambres à pots*, dont une sous le colombier, la maison du *maître tiseur*, la chambre des *messieurs*, celle du *bouteiller* et du *tiseur*, sans compter le hangar à soude, les écuries et étables, la forge, et enfin la maison de maître, avec son colombier, signe de *sieurie*, puis des tas de sable et des montagnes de bois.

Au milieu de la Halle, le *Four* représentait une masse de maçonnerie construite en briques de formes spéciales, sur un plan quadrangulaire avec une section circulaire aux angles formant un renfoncement pour le travail, sur deux faces; un évidement central, surmonté d'une voûte, contenait à la partie inférieure un unique foyer, et aux deux côtés au-dessus, se rangeaient, sur des *siéges*, trois *pots* ou *creusets*, soit six en tout, dont le service se faisait sur les deux faces rentrantes. Les extré-mités renfermaient les *carcaises*, sortes de petites chambres chauffées par le trop plein du foyer et servant à cuire les pots et les frittes (1). Enfin, à proximité, se trouvaient encore les nombreux ustensiles, puis les fourneaux à recuire les verres fabriqués; et, au-dessus du four, les vastes charpentes étaient chargées de bois dépécé, que la chaleur perdue desséchait avant l'emploi.

Quant aux matières, en dehors de l'argile réfractaire de la Bellière, servant aux *pots* ou creusets et aux briques du four, elles consistaient principalement en verre cassé ou *groisil*, en sables tirés des *Monts Louvets*, en cendres des foyers, *charrées* ou cendres lessivées, cendres de fougères, qui toutes fournissaient de la potasse, et en soude de *varech* ou cendres des herbes marines de la Manche; et c'était vraiment

---

(1) Au dire d'Haudicquer de Blancourt, (*De l'art de la Verrerie*, in-12, 1697, p. 33.) une seule race de maçons en France, originaires du Caule au comté d'Eu, avait le secret de ces fours et pouvait les réussir.

merveille de voir ces matériaux vils et impurs se transformer en un liquide transparent, le *verre*, sous l'effort du feu.

Pour personnel, une semblable verrerie comptait trois *gentilshommes-verriers*, trois *gentilshommes-bossiers*, un *gentilhomme-cueilleur*, un maître tiseur, sept ou huit petits tiseurs, deux ramasseurs de verre, deux éplucheurs de terre et de groisil, deux façonneurs de paniers pour l'emballage du verre, des casseurs de bois, des voituriers, un maréchal, quelques manœuvres, soit bien près de cinquante bouches à nourrir par jour, sans compter les chevaux et voitures.

Si, maintenant, nous voulions retracer dans notre esprit une journée de travail, nous trouverions chacun à son poste : les tiseurs au foyer ont fait dévorer au four plus de vingt cordes de bois en vingt-quatre heures, et amené à l'état liquide convenable les matières confiées aux creusets. Le tour des verriers est venu : l'un cueille le verre, l'autre fait la bosse, un troisième termine le plateau rond ou disque muni de la trace du *pontil* au centre, opération délicate assez longue à détailler, et dont un tube de fer creux, le souffle de la bouche, beaucoup d'adresse et d'habileté, ont été les principaux agents. Le plateau achevé est recuit et emballé pour les grandes villes, où le vitrier taille et place les carreaux trouvés dans chaque disque; et le travail continue sans relâche jusqu'à l'épuisement des creusets, pour recommencer ensuite et toujours, tant que les pots durent (environ huit jours), tant que le four dure lui-même (douze à quinze mois). Ce qui peut se dire des plateaux s'applique également aux bouteilles, à quelques différences près.

Le temps du travail s'appelait : *réveillée* et celui de la réparation : *mort du four*. Figurons-nous ces hommes exposés à l'ardeur du feu, vêtus uniquement d'une chemise spéciale, travaillant le jour comme la nuit à la commande des fontes, « n'ayant pour tout horizon que la forêt, ne se procurant, après un pénible labeur, qu'un assez court repos, » et nous aurons, avec tout cela, une assez juste idée d'une ancienne verrerie à vitres, de celle de *la Haye*.

II.

LE DROIT DE FOUR OU DE VERRERIE ET PRIVILÉGES Y ATTACHÉS.

Au moyen-âge et même dans les temps modernes, tout droit de verrerie émanait du pouvoir royal; et il n'avait d'effet qu'en vertu de lettres-patentes, soumises à certaines formalités du pouvoir judiciaire et qu'il fallait faire renouveler à l'avénement de chaque règne ou dans de certaines circonstances.

Ce droit essentiellement exclusif, ne comportait ordinairement que l'usage d'un seul *fourneau* pour une région forestière, disposition édictée surtout en vue de ménager les bois et éviter la ruine des forêts, en même temps que son principe constituait un privilège d'exercice limité.

Il en fut ainsi à *la Haye* après que l'exploitation domaniale eut cessé (XIVe s.). La concession primitive du droit de four, emportant une véritable inféodation de terrain, semble au point de vue des agents forestiers, avoir eu pour objet, moins de fabriquer du verre que d'utiliser le *bois mort* de la Verderie ou Haie de Neufmarché. Cette expression de bois mort revient plusieurs fois dans des lettres de 1416, mais celle de *mort bois*, ce qui n'est pas la même chose, s'y trouve également et c'est elle qui se représente le plus souvent dans les titres des XVe et XVIe siècles, relatifs à la Haye (1).

Couper le *mort bois*, « c'était nettoyer la forêt et faire venir le nouvel taillis. » (Lettres de 1416.) Les verriers pouvaient donc en alimenter leur four et de même se faire délivrer par le Verdier le vif bois nécessaire pour rebâtir la Halle et autres bâtiments, lorsqu'il en était besoin. Ils avaient aussi le droit de prendre et faire couper en toute la forêt « toutes et chacunes *fougères* nuisibles à la croissance des bois. » (2). Tel est l'ensemble de la concession primitive et pour laquelle une redevance de quinze mines ou soixante boisseaux d'avoine, payable à la recette de Gisors, dut être imposée. Mais une autre concession, non moins importante, en quelque sorte primordiale, inhérente à la profession, et qui fut confirmée par les souverains, d'une manière plus ou moins générale, à diverses époques, est celle qui déclarait les verriers, leurs ouvriers, ainsi que tout ce qui se rattachait au verre et à son négoce, matières, marchands et marchandises, exempts de *tailles, impôts, subsides, péages, travers, passages, aides et impositions quelconques.*

---

(1) Par *bois mort* on entendait le bois sec privé de vie, et par *mort bois*, de menus bois blancs, sortes de parasites de la forêt.— V. au surplus : *L. Delisle. Etudes sur la classe agricole, etc.*, in-8°, 1851; p. 369 et s.

(2) Cette coupe de fougères pour employer aux « *artifices de la voirrerie* », s'opérait en vertu de permis ou congés des Grands-Maîtres, qui étaient ordinairement délivrés en juillet et août, époque de la maturité des fougères. Les Verriers de la Haye en obtinrent les 20 août 1528, — août 1540, — 23 juillet 1541, — 9 juillet 1545, — 16 août 1546, — 9 août 1568.

Les officiers de la forêt eurent maintes fois occasion d'intervenir dans la limite de leurs attributions, et on les voit recommander aux verriers de la Haye « d'user modérément de leurs *droitures*, sans aucuns excez ny abus et de couper et abattre ny faire couper du *vif boys* de ladite Haye pour appliquer à l'artifice de ladite Verrerie. » (Main-levée du 3 mars 1519.) Aussi, avec le temps, loin de recevoir un préjudice de l'institution du four à verre, on reconnaît que si ce droit était interrompu ou entravé, le bois ne serait vendu à un si haut prix que celui qu'il avait atteint. (Attestation du maître particulier des eaux et forêts, du 15 juillet 1630. Arrêt d'enregistrement du Parlement de Rouen, du 12 mai 1631.)

Ainsi, pour les agents forestiers, la verrerie existait pour faire valoir les bois du Roi, mais il fallait s'en tenir au *mort bois*. Néanmoins, la guerre qu'on lui faisait devait à la longue le réduire et enfin le supprimer. C'était là le but de l'administration, but complètement atteint de nos jours. Aussi fallut-il recourir à un autre mode d'alimentation pour le four de la Haye. On décida donc de lui faire une *délivrance* annuelle de quinze arpents de bois, et ce, à prix d'estimation. Ce régime dura du xviie siècle jusqu'à 1780, où, cette quantité étant insuffisante, fut portée à vingt arpents. (Arrêt du Conseil d'Etat du 19 septembre 1780.)

Nous avons dit que la concession originaire stipulait l'usage d'un seul et unique four, et quelque besoin qu'on pût avoir à une époque de nettoyer la forêt de son *mort bois*, jamais les agents forestiers ne souffrirent l'exercice d'un second four, secret désir des propriétaires qui s'étaient divisés et tendaient à se séparer définitivement vers le milieu et à la fin du xvie siècle.

Les Cacqueray en succédant aux Brossard, que Pierre Le Vaillant s'était associés, ne s'étaient pas contentés de la jouissance paisible de la moitié de la Verrerie. Ils voulurent encore se prévaloir de la possession du domaine de la Haye, qui leur était échu. Or, en 1547, le lieutenant du Maître-Enquêteur des eaux et forêts « faisant sa visitation, trouva un *four d'artifice* pour faire *voyre*, édifié au lieu de la Haye », en la maison de Gilles de Cacqueray, et « même ung autre four de semblable artifice, près et joignant la maison de deffunt Jehan Le Vaillant. » Là-dessus il remontra qu'un seul droit avait été accordé ; à quoy les Cacqueray répondirent « que le four construit et basti près la maison dudit Le Vaillant estoit tombé en ruyne, et à ceste cause en avoient fait reediffier ung autre, obstant qu'il estoit plus propre et convenable pour le fait dudit artifice et dont ils entendoient seulement user. »

Cinquante ans plus tard, Damien de Cacqueray, profitant d'une époque essentiellement troublée et de la minorité du fils de son co-propriétaire, faisait renouveler en son seul nom le privilége de la Verrerie ; et son fils, André, faisait de même (1). (1594-1599). Celui-ci, exposant que, faute de bois, son établissement était devenu inutile, Henri IV écouta la plainte et ordonna qu'à défaut de ventes ordinaires ou de récépage, il lui fut délivré une quantité suffisante de combustible. En même temps, il était confirmé dans le droit de la *vieille* et *ancienne Verrerie*. (Lettres patentes de décembre 1599.) Le Parlement de Normandie enregistra les lettres le 22 mars 1600 ; mais, chose à noter, en procédant à cet acte, il sembla consacrer un nouveau droit, en stipulant que Cacqueray jouirait « du droit et place de Verrerie au lieu où elle était alors située, en payant annuellement à S. M. un escu d'or, et à la charge de ne pouvoir prendre aucuns bois en la forêt, que par adjudication et délivrance des officiers. »

D'après cette interprétation, le droit des Vaillant fût resté intact, mais on ne tarda pas à reconnaître l'erreur et à vouloir la réparer. Cependant, André de Cacqueray, fort des lettres qu'il avait obtenues, s'était mis à construire « ung nouveau four, » lorsque par sentence des commissaires députés pour la réformation des forêts, en date du 22 décembre 1600, il y fut mis empêchement. Un arrêt de la Chambre de réformation du 17 février 1601 fut encore rendu dans le même sens. Cependant, Pierre Le Vaillant, sorti de minorité, exposa son affaire au Conseil du Roi, rappela la possession de ses aïeux, l'admission des Cacqueray, et obtint gain de cause. Le roi ordonna une nouvelle enquête, puis la remise en possession de la vieille Verrerie, aux mains de Le Vaillant, pour en jouir avec Cacqueray, « travailler ensemblement, exercer ledit art de verrerie en ung seul et mesme four à verre, ainsy que de tout temps et ancienneté il leur avait esté permis. » Enfin, « le four devait être remiz et réparé à la commodité des deux associez pour façonner ensemblement les feugères, matériaulx, etc » (Lettres patentes d'Henri IV du 28 mars 1601).

Néanmoins, André de Cacqueray paraît avoir peu tenu compte de la nouvelle décision souveraine, puisqu'il continuait ses constructions et qu'il fallut lui faire de nouvelles défenses, *de par le Parlement.* — L'affaire dura longtemps. — Il ne suffisait donc pas que les droits de chacun fussent reconnus, il fallait encore qu'ils pussent s'exercer « entre deux propriétaires de mauvaise intelligence ; » et là gisait toute la

---

(1) V. p. 19.

difficulté. — Un arbitrage, dont nous avons dit quelques mots, mit fin à la procédure de la manière suivante :

« Et faisant droit sur la moitié de la propriété du four à verre, ordonné au d. de la Haye (Cacqueray) de réduire en un les deux fours qu'il a fait bastir dans sa cour qui n'est de sy libre accès, ou de disposer un d'iceux à autre usage que de four à verre. Ordonné aussi qu'il serait basti à frais communs un autre four dans la cour du d. La Roquette (Le Vaillant), qui ne pouvait aller librement à celui de la Haye. » Ces fours devaient marcher tour à tour de six mois en six mois ou d'an en an, l'un cessant pour faire marcher l'autre; celui qui serait le plus tôt disposé continuerait ; et dans le cas où une démolition eût été ordonnée, le four de la Roquette devait être conservé « avec propriété et jouissance du fruit chacun pour moitié. » (Sentence arbitrale du 5 avril 1603, homologuée le 10 avril 1606.)

Ainsi se trouvait de nouveau établi, d'une manière formelle, le droit d'un seul four en la Haye ou verderie de Neufmarché, « eu esgard qu'elle n'en pouvait supporter d'avantage. » (Lett. pat. du 28 mars 1601.)

Pourtant des tentatives d'établissement rival eurent encore lieu en 1627; mais cette fois, c'est par un étranger, le sieur de Combast, qu'elles furent suscitées. Il obtint à cette date des lettres patentes pour « eriger une verrerie aux environs ou dans les enclaves de la d. verderie, » lesquelles ne purent recevoir leur exécution, faute d'enregistrement, sur l'opposition des verriers de la Haye. (17 mars 1627.)

Toutefois, ce principe ne put toujours être maintenu. Les idées économiques préconisées par Colbert étaient favorables à la concurrence et contraires aux priviléges exclusifs. On pensait avec raison que l'abondance de la marchandise devait en multiplier l'usage, en même temps qu'en faire baisser le prix, surtout à une époque où les constructions prenaient beaucoup d'essor. Aussi écouta-t-on favorablement la demande que fit le sieur Claude Le Vaillant, sieur du Buisson (troisième fils du verrier des Routieux), d'établir une autre verrerie au *Long-du-Bos*, territoire de Neufmarché, distant de la Haye seulement d'une lieue. Il s'était rendu favorables les officiers de la forêt, et, quelqu'opposition qui fut faite, il obtint un arrêt du Conseil d'Etat, le 8 avril 1687, puis des lettres patentes en juin. Là-dessus, le verrier de la Haye recourt au Conseil même, alléguant une prochaine pénurie des bois, et Colbert, le frère du grand ministre, écrit ceci : « qu'au surplus sera fait droit sans retardation. » (20 août 1688.) — Une nouvelle requête fut encore présentée le 30 août, mais en vain; la nouvelle verrerie fut établie (1).

---

(1) La concurrence que Colbert avait voulue était bonne assurément,

III.

SORTES DE VERRES FABRIQUÉS A LA HAYE. — UTILITÉ ET COMMERCE DES
PRODUITS.

Verre à Vitre.

Nous avons constaté pour la première phase de notre établissement
à la *Fontaine-du-Houx* une production de *gros verre*, c'est-à-dire de
verre à vitres. C'est cette production que nous retrouvons se perpé-
tuant à travers les siècles, trop immuable peut-être dans ses procédés,
mais douée certainement d'une grande vitalité, parce qu'elle répondait
à des besoins de premier ordre. En effet, la demeure de l'homme, dans
nos climats du Nord, serait bien triste s'il n'était possible de l'éclairer à
l'aide du carreau de verre, en même temps que la protéger contre les
intempéries des saisons.

Pour quiconque a pu observer la formation et la marche des sociétés,
les besoins n'ont fait que s'accroitre, en suivant graduellement, mais
ponctuellement, toutes les étapes de la civilisation moderne.

Dans le passé qui nous occupe, l'essor des vitrages, en dehors des
églises, fut assurément moins accentué, moins rapide que de nos jours,
où nous le voyons prendre dans nos villes des proportions colossales,
et de là gagner toutes les campagnes. Et un des plus notables progrès
que nous puissions citer est l'abandon du carreau de *papier huilé*, objet
d'une ancienne industrie, et pendant trop longtemps le rival indigne du
carreau de verre, dans les palais aussi bien que dans les chaumières.

Nous ne nous arrêterons pas à considérer ici de quel secours put
être, pour le peintre verrier, la production de nos carreaux normands ;
ce qui doit nous occuper, c'est le commerce et surtout l'approvisionne-
ment des grandes villes, principalement Rouen et Paris, qu'avant tout

---

mais l'appauvrissement annoncé de la Verderie vint mettre obstacle à
la marche des deux usines ; moins de cent ans plus tard (1767), on
constatait que les bois étaient coupés trop jeunes ; besoin était de s'approvisionner ailleurs à grands frais ; et, à la fin, on n'eût d'autre res-
source que de fondre les deux fours en un seul. (1780.)

nos verriers avaient l'obligation d'approvisionner suffisamment et à des prix modérés. Leurs priviléges étaient attachés à ce devoir, et rien ne leur causa plus de tribulations que de le remplir au gré de l'administration souveraine. — Il semble qu'anciennement les verriers pouvaient fournir leurs produits à des marchands ; mais dans la suite il leur fut enjoint de livrer directement aux vitriers, leurs « ennemis-nés. » A Paris, par exemple, avant la création d'un magasin général, en 1742, un endroit, l'*Hôtel-du-Renard*, rue Saint-Denis, fut désigné pour la descente des voituriers. — A leur arrivée, les voituriers devaient prévenir les jurés de garde, et ceux-ci, toute la communauté des vitriers, ce qui demandait du temps, car ces messieurs, éloignés les uns des autres, ou occupés, se faisaient souvent attendre ; il fallait donc prendre patience jusqu'au moment des lotissements et des discussions, qui étaient quelquefois orageuses. — Le prix du panier de verre, de libre qu'il était, vint à être tarifé pendant tout le xviiie siècle, absolument comme nous avons vu le pain, la viande de nos jours ; et cela, à la sollicitation des vitriers, qui s'étonnaient qu'une marchandise, — à production restreinte par le fait des monopoles, — eût subi une augmentation de prix avec la demande et le renchérissement de toutes choses. Ce qui pourra surprendre, c'est que le tarif procurait plus de profit aux vitriers qu'au public ; aussi, supportant le contre-coup de mesures par eux provoquées, le pouvoir en vint-il aussi à tarifer leur travail, en fixant à 8 sols le pied de verre à vitres. (Arrêt du Conseil d'Etat du 3 mars 1725.)

Il serait trop long de raconter ici toutes les péripéties de la production du verre à vitrés en Normandie, à la Haye comme ailleurs. Ce serait, du reste, empiéter sur un autre travail que nous préparons. Disons seulement qu'une verrerie comme la nôtre pouvait fabriquer huit paniers de verre par jour, chacun contenant vingt-quatre plats, ce qui produisait près de deux cents plats ; que le panier, rendu à Paris, valait de 20 à 40 livres, selon les temps, et que la part à fournir par la Haye, dans les 4,532 paniers nécessaires pour Paris, était de 500, en 1724. Le surplus de la production servait aux autres villes, ou à faire du commerce à l'extérieur, lorsque cela était permis.

Sachons donc, pour le moment, remarquer et apprécier le mérite de l'humble carreau de vitrage, le but final de nos verriers. Que le philosophe, comme l'économiste, en songeant au labeur dont il fut l'objet, lui consacrent quelques-unes de leurs pensées bienveillantes, lorsque, abrités du vent ou protégés de la bise, leur regard traverse sa paroi transparente et limpide, pour considérer les objets extérieurs ou plonger librement dans l'espace !

Bouteilles.

A une époque que nous ne saurions déterminer, probablement postérieure au xvie siècle, on vit les verriers de la Haye se livrer, à côté de leur production de verre à vitres, à une autre production, sans doute assez lucrative, celle des *bouteilles*. Dès lors un ou plusieurs *pots* y furent affectés. Par bouteille, il ne faut peut-être pas tout à fait comprendre l'objet vulgaire tant répandu de nos jours : la forme comme l'usage en différaient quelque peu. Leur destination principale était le vin, le cidre; il y en avait également pour l'huile. Branche accessoire de notre verrerie à vitres, nous ne nous étendrons pas plus longuement sur son objet.

IV

CONDITION ET MŒURS DES VERRIERS DE LA HAYE.

Par l'énumération que nous avons faite du personnel d'une verrerie à vitres, on a pu remarquer qu'il se composait de deux classes d'individus, les uns qualifiés de *gentilshommes*; les autres n'ayant que la désignation de leur emploi ou profession. Ceux-là appartenaient à la noblesse; ceux-ci à la roture. — Aux premiers étaient dévolus les travaux les plus relevés, c'est-à-dire tout le façonnage du verre depuis sa prise ou cueille dans les creusets, jusqu'à sa formation en objets; aux seconds étaient confiés tous les travaux plus ou moins accessoires : préparations de matières, soins de fonte, tisage ou conduite du feu, etc. Et là, malgré l'existence commune, les rangs étaient et restaient marqués tout comme dans la société, sans qu'il y eût confusion possible, et sans que l'ordre des castes établi fût troublé. — Il n'y avait pourtant d'autre différence entre ces hommes, tous voués à un travail quotidien et solidaire, que celle de quelques distinctions que nous avons peine à comprendre, tant elles nous paraissent absurdes.

Rien pour nous n'est plus aisé que de constater la condition de nos verriers de la Haye. Ils étaient en possession de la noblesse, de cette noblesse dite *verrière*, c'est-à-dire du dernier ordre dans la classification qu'on avait cru devoir établir, et on les appelait *Messieurs*. — Ce qu'on peut entrevoir, c'est qu'ils jouissaient de cet état, avant leur entrée dans la carrière vitrique; par conséquent, celle-ci ne les avait pas anoblis, comme il put arriver ailleurs; et ils eussent pu quitter l'état de verrier, sans pour cela perdre leur qualité.

Le premier Le Vaillant que nous rencontrons à la Haye, en 1490, se qualifie simplement d'*escuier voirrier*. Tous ceux qui suivent ajoutent, à la qualification d'écuier, signe nobiliaire, le nom d'une terre, d'un lieu, etc. Et il en est de même pour les Cacqueray, les Bongars et les Brossart, tous alliés entr'eux ou à la moyenne et petite noblesse du pays (1).

Nous n'entrerons ici dans aucun détail sur cette noblesse verrière, qui après tout en valait bien une autre, et qui, choquant des préjugés, fut l'objet de plus d'une raillerie de mauvais goût.

Il semblait étrange, en effet, qu'une distinction de ce genre restât attachée, non pas précisément à la profession, si l'on veut, mais à ceux qui l'exerçaient et pouvaient, s'ils jouissaient de la noblesse, ne pas la perdre, — alors que dans les idées reçues, tout travail *manuel, mercantile,* était considéré comme ignoble et pouvait entraîner dérogeance.

L'exception accordée au *verre* nous paraît un hommage rendu à la matière. Ce fut, en tout cas, un principe habile celui qui sut attirer vers une noble profession une foule d'individus, qui se trouvaient d'autant plus déshérités, que les préjugés les condamnaient à batailler sans trève ou à mourir de faim. — En cela, le travail a sanctifié l'homme et sauvé tout une classe de la société, car, en ce point, c'était être sauvé, que d'être soustrait à la vie oisive du pauvre gentilhomme campagnard.

Nos verriers eussent pu sans doute embrasser la carrière des armes; mais les Vaillant et les Cacqueray paraissent avoir été plus attachés à la *felle* qu'à l'épée. Et ce n'était pas par manque de courage. Au contraire, aimant leur état pénible, ils semblaient dédaigner une condition plus relevée et pensaient faire fonction de noblesse à l'entour de leurs fourneaux, en y accomplissant les travaux réputés nobles et inaccessibles aux roturiers.

Quelque habileté native que ceux-ci eussent pu avoir, la carrière leur était fermée. L'art n'était enseigné et conservé que parmi les lignes mâles des quatre familles — d'ailleurs très fournies, — à l'exclusion des filles.

Quant aux travaux que les *Messieurs* s'étaient attribués, ils n'y pouvaient du reste renoncer, sans perdre leur prestige et faire l'abandon de leurs prérogatives. Aussi les accomplissaient-ils à la façon d'un sacerdoce, jalousement et courageusement. Et, de cette façon, se

---

(1) Nous avons l'espoir que le travail de M. O. Le Vaillant de la Fieffe fournira beaucoup de lumières sur ces quatre familles et leur origine diversement interprétée.

transmirent intacts les procédés particuliers aux *plateaux* normands, avec quelques menus perfectionnements, amenés sous l'aiguillon du temps, mais malheureusement, sans transformation salutaire.

Tels nous les trouvons, dans l'exercice de leurs fonctions, tels il faut encore les voir dans leurs rapports réciproques et avec la société. — S'élevait-il entr'eux quelque contestation pouvant entacher leur honneur ? Alors on en référait au Tribunal des Maréchaux de France, qui statuait dans la limite de ses attributions. — Pour de moindres contestations, ils usaient de l'arbitrage. — S'agissait-il d'une convocation des nobles, pour quelque besoin urgent de l'Etat ? Il n'y en avait pas de plus fidèles à se rendre aux appels de l'autorité. — Mais partout ils réclamaient leurs prérogatives. — Ainsi, à l'église de Bezu, où les propriétaires de la *Haye* avaient leur banc et leur sépulture, il leur fallait les *honneurs* que le clergé avait l'usage de rendre à la noblesse. Par exemple, à la suite du conflit qui s'était élevé vers 1600 entre André de Cacqueray et Pierre Le Vaillant, qui ne tendait à rien moins qu'à dépouiller celui-ci au profit de celui-là, l'embarras fut grand ; et, l'expertise judiciaire, qui eut à régler le différend, dont le but principal était d'établir à la fois la jouissance indivise de l'unique droit de four, et la manière d'en user entre deux propriétaires brouillés, cette expertise, disons-nous, eut autant de peine à fixer la propriété de chacun, qu'à définir comment les honneurs de l'église, comme seigneurs, leur seraient rendus sur un pied de parfaite égalité. Voici pourtant quelle solution on trouva pour ce grave sujet : « préséance pour le plus âgé au prochain dimanche ou fête ; préséance pour le plus jeune au dimanche ou fête d'après, l'un allant devant l'autre, et ainsi de suite ; et, pour éviter tout trouble, tant à l'aspersion de l'eau bénite que du port de la paix et du pain bénit, sera le curé ou vicaire exhorté de donner et asperger lad. eau bénite, alternativement, à l'un un dimanche, à l'autre, l'autre dimanche, et de rendre, s'il est possible, lesdits sieurs égaux en ce regard, même de faire porter deux paix et deux paniers de pain bénit ; et au vendredi saint, pour l'adoration de la croix, le plus âgé ira le premier, pour la première année, l'autre, l'année d'après ; de même, aux processions du Saint-Sacrement et aux fonts, en marchant côte à côte, si faire se peut, sinon, celui qui sera en semaine, précédera » (1).

---

(1) Archives de M. Levaillant de Rouge-Fossé.

Ce passage, où se retrouve un côté de la vie religieuse et féodale du passé, ne forme-t-il pas un tableau de mœurs assez curieux, et ne complète-t-il pas la preuve de la qualité nobiliaire des verriers de la Haye ?

Nous avons dit que l'art des plateaux ne s'enseignait qu'aux enfants mâles des quatre familles. C'était donc aux pères à instruire les fils, et, à leur défaut, ce devoir regardait les parents, de quelque degré qu'ils fussent. Ainsi se transmettait et perpétuait l'art, sans faiblir.

L'exploitation se fit assez rarement par des étrangers, et, quand cela arriva, les propriétaires et les autres gentilshommes, ne perdirent pas, pour cela, leur droit de souffler les plateaux. Propriétaires ou non, ils tenaient rang et emploi d'ouvrier, percevant sur la masse, s'il y avait association, et de plus touchant un salaire toujours réglé sur le savoir individuel.

La verrerie était-elle échue à un jeune *gentilhomme* encore peu avancé, il s'adjoignait des ouvriers habiles, et se les associait, au besoin, à la condition qu'ils l'instruisissent lui-même jusqu'à ce qu'il fût en état d'achever un plateau et de prendre rang parmi les *gentilshommes ouvriers*.

Cette vie de labeur n'était pourtant pas sans quelque compensation. En dehors de la verrerie, où il n'y avait guère de repos que celui que pouvaient procurer la fusion des matières, pour les uns, la marche du four pour les autres, nos *gentilshommes verriers* usant d'une de leurs prérogatives, allaient au chenil traditionnel et accompagnés d'une meute nombreuse (leurs actes de société nous les montrent élevant jusqu'à huit ou neuf chiens) ils s'enfonçaient en forêt et comme délassement ils se livraient au noble plaisir de la chasse à courre, remplaçant ainsi une fatigue par une autre jusqu'à la reprise des travaux.

L'honorabilité des Vaillant que nous avons plus particulièrement rencontrés dans ce récit n'a jamais été contestée. Au moment d'une transformation sociale, qui allait les vaincre, ils jouissaient de l'estime générale. La municipalité de Bézu et les administrateurs du district des Andelys en rendirent témoignage ainsi que de leur probité et de leur vie laborieuse qui avaient inspiré le plus grand intérêt (1).

---

(1) Pièce des archives du Ministère de l'Intérieur. Archives générales de France, F 12. 1486.

APPENDICE.

Ceux que les conditions de fonctionnement de notre ancienne verrerie pourraient intéresser ne liront pas sans fruit la pièce suivante qui provient encore des papiers conservés à Saint-Cyr et que nous transcrivons intégralement. On verra quel outillage était nécessaire aux verriers et combien de fer exigeait la fabrication du verre. Quelques outils et ustensiles d'agriculture s'y trouvent seulement mêlés.

INVENTAIRE *de la Forge et de tous les ferrements, en général, servant à la Verrerie de La Haye, ainsi qu'il est expliqué au présent Etat, lequel a été fait le 14 germinal an XII, après l'extinction du Four à Verre, arrivé le 10 germinal de la même année, pour y avoir recours au besoin.*

ÉTAT DES FERREMENTS RESTÉS DANS LE FOUR.

13 poches à dessaler et brézettes, et 3 à porter ; — 6 pelles à enfourner et 1 dito à débraiser ; — 2 pellettes à mouver les matières ; — 2 grandes barres et 1 petite pour crocher les pots ; — 2 crocs et 1 cheval à tirer du verre ; — 1 hérochoyr ; — 1 barre à tranches et 1 pour crocher les pots au grand ouvreau ; — 2 râbles à soude ; — 1 râble à tirer du verre et 1 moyen râble ; — 1 autre râble à torcher et 2 fourchettes ; — 3 grands tours à bouteilles et 1 petit ; — 1 moulle à tourner des poches ; — 3 marbres à bouteilles et un grand pour les plats ; — 1 pavanne.

DANS LA FORGE.

36 felles à bouteilles et 24 felles à plats ; — 6 férêts à chauffer les plats et 1 pour regarder au verre ; — 5 cordelines ; — 4 férêts à écraîmer ; — 4 barres à trancher pour les bouteilles ; — 2 fourguilleux et 1 écharbouilleux ; — 1 chèvre à bouteilles ; — 2 râbles à déblocher ; — 2 râbles à tiser ; — 1 autre râble à tiser ; — 1 cassé sans palette, ainsi qu'un petit férêt à déboucher les ouvreaux ; — 1 râble à moulinet ; — 3 fourchettes ; — 4, je veux dire 5 paires de pinces ; — 4 bigornes ; — 1 gril de chat pour le grand ouvreau, avec sa mague ; — 1 jouette et 1 marbre à la nois ; — 3 crochets pour plats et bouteilles ; — 1 manche à poche qui a servy pour mettre les chiots quand l'on a tiré du verre ; — 1 béquiet à plats ; — 2 masses, dont une pour rompre le four, et l'autre pour casser la soude ; — 2 marteaux pour tourner les poches et 1 dito pour casser les cuisses ; — 1 vieille pelle à enfourner ; — 2 faux-tours pour le grand ouvreau, lorsqu'on fait des plats ; — 1 placque pour boucher les fourneaux à bouteilles, avec son crochet ; — 1 étampe à verre avec son

manche ; — 31 placques a poches, tant rognées que non rognées ; — 13 marteaux, dont 2 à devant et 5 à abattre des roues, et 4 à main, et 2 ferretiers ; — 14 paires de tenailles, tant qu'à main et à mettre au feu ; — 1 écrou à rebattre des roues ; — 1 étoc (étau) ; — 2 bigornes, 1 petite et 1 grosse ; — 1 grosse enclume à forger ; — 1 soufflet tout monté ; — 1 licol à ferrer ; — 1 cramaillée pour les grosses ouvrages ; — 1 crochet à battre des roues ; — 2 marteaux, dont 1 à socque et 1 à éverré du pot ; — 2 paires d'émorailles ; — 1 billon à inciser les bosses ; — 2 tranches ; — 3 étampes, je veux dire 4, à percer des fers à cheval ; — 2 contre-perches ; — 3 vieilles bandes à roues : — 81 fers à cheval ; — 3 coutres et 3 socs à charrues ; — 4 chevrettes pour mettre sur les auges ; — 7 barres à fourneaux ; — 2 bigornes, dont 1 pour servir à déboucher les felles des *messieurs*, et l'autre pour retirer les pierres ; — 1 meule montée d'une manivelle.

TABLE

—

IMPRIMERIE E. CAGNIARD, ROUEN.

IMPRIMERIE E. CAGNIARD
ROUEN.

9 782329 682617